Mina Kumari

Dos números ao conhecimento: A jornada da análise de dados

Mina Kumari

Dos números ao conhecimento: A jornada da análise de dados

ScienciaScripts

Imprint
Any brand names and product names mentioned in this book are subject to trademark, brand or patent protection and are trademarks or registered trademarks of their respective holders. The use of brand names, product names, common names, trade names, product descriptions etc. even without a particular marking in this work is in no way to be construed to mean that such names may be regarded as unrestricted in respect of trademark and brand protection legislation and could thus be used by anyone.

Cover image: www.ingimage.com

This book is a translation from the original published under ISBN 978-620-7-80803-8.

Publisher:
Sciencia Scripts
is a trademark of
Dodo Books Indian Ocean Ltd. and OmniScriptum S.R.L publishing group

120 High Road, East Finchley, London, N2 9ED, United Kingdom
Str. Armeneasca 28/1, office 1, Chisinau MD-2012, Republic of Moldova, Europe
Printed at: see last page
ISBN: 978-620-7-86358-7

Copyright © Mina Kumari
Copyright © 2024 Dodo Books Indian Ocean Ltd. and OmniScriptum S.R.L publishing group

Dos números ao conhecimento: A jornada da análise de dados

Por

Dr. Mina Kumari

Universidade K.R. Mangalam, Sohna, Gurugram

Prefácio

No mundo de hoje, os dados são omnipresentes, fluindo de todas as direcções possíveis. A capacidade de transformar números brutos em conhecimentos accionáveis tornou-se uma competência essencial numa vasta gama de domínios, desde a economia e os cuidados de saúde à ciência e à tecnologia. Este livro, "From Numbers to Knowledge: A Viagem da Análise de Dados", foi concebido para o guiar através do intrincado processo de análise de dados, ajudando-o a compreender como extrair informação significativa dos dados e a aplicá-la eficazmente.

Quer seja um principiante que está a entrar no domínio da análise de dados ou um profissional experiente que procura aperfeiçoar as suas competências, este livro tem como objetivo fornecer um roteiro abrangente. Iremos explorar os conceitos fundamentais, aprofundar várias técnicas analíticas e discutir as aplicações práticas da análise de dados em cenários do mundo real.

Junte-se a nós nesta viagem dos números ao conhecimento e descubra como desbloquear o poder escondido nos dados.

Saudações calorosas,

Dr. Mina Kumari

Índice

Capítulo 1: Introdução à análise de dados

O que é a análise de dados?

A análise de dados é um processo sistemático de inspeção, limpeza, transformação e modelação de dados para descobrir informações úteis, tirar conclusões e apoiar a tomada de decisões. Envolve várias técnicas e metodologias que têm como objetivo revelar padrões, relações e tendências nos conjuntos de dados. A análise de dados faz parte integrante de numerosos domínios, incluindo as empresas, os cuidados de saúde, as ciências sociais e a engenharia, permitindo às partes interessadas tomar decisões informadas com base em provas empíricas.

Componentes-chave da análise de dados

1. **Recolha de dados:**

   o O primeiro passo na análise de dados é a recolha de dados relevantes. Isto pode ser feito através de vários meios, tais como inquéritos, experiências, estudos de observação ou recolha de dados de bases de dados existentes.

2. **Limpeza de dados:**

   o Os dados em bruto são frequentemente incompletos, inconsistentes ou contêm erros. A limpeza de dados envolve o tratamento de valores em falta, a remoção de duplicados, a correção de imprecisões e a normalização de formatos de dados para garantir a qualidade e fiabilidade dos dados.

3. **Transformação de dados:**

   o A transformação de dados envolve a conversão de dados brutos num formato adequado para análise. Isto pode incluir a normalização, a agregação e a criação de novas variáveis ou características para melhorar o processo analítico.

4. **Análise Exploratória de Dados (AED):**

   o A EDA é o processo de análise de conjuntos de dados para resumir as suas principais características, utilizando frequentemente métodos visuais. Ajuda a identificar padrões, detetar anomalias e verificar pressupostos, proporcionando uma melhor compreensão dos dados.

5. **Modelação e análise:**

   o Esta fase envolve a aplicação de modelos estatísticos ou algoritmos de aprendizagem automática para analisar os dados. São utilizadas técnicas como a análise de regressão, o agrupamento e a classificação para descobrir relações e fazer previsões.

6. **Interpretação e comunicação**:

  o A etapa final consiste em interpretar os resultados da análise e comunicar as conclusões de forma eficaz. Isto envolve a criação de visualizações, a redação de relatórios e a apresentação dos conhecimentos de uma forma que as partes interessadas possam compreender e agir.

Tipos de análise de dados

1. **Análise descritiva** :

  o A análise descritiva centra-se no resumo das principais características de um conjunto de dados. Utiliza medidas como a média, a mediana, a moda, o desvio padrão e representações gráficas como histogramas e gráficos de pizza para fornecer um instantâneo dos dados.

2. **Análise inferencial**:

  o A análise inferencial tem por objetivo fazer inferências sobre uma população com base numa amostra de dados. Envolve testes de hipóteses, intervalos de confiança e análise de regressão para tirar conclusões e fazer previsões.

3. **Análise Preditiva**:

  o A análise preditiva utiliza dados históricos para prever resultados futuros. São utilizadas técnicas como a análise de séries temporais, modelos de regressão e algoritmos de aprendizagem automática para prever tendências e comportamentos.

4. **Análise prescritiva**:

  o A análise prescritiva vai um passo mais além, não só prevendo resultados futuros, mas também sugerindo acções para alcançar os resultados desejados. Utiliza algoritmos de otimização e simulação para recomendar o melhor curso de ação.

5. **Análise exploratória**:

  o A análise exploratória é um processo aberto de análise de dados para encontrar padrões e relações sem ter uma hipótese específica em mente. É frequentemente o primeiro passo no processo de análise de dados para compreender melhor os dados.

Importância da análise de dados

1. **Tomada de decisões informada:**

   o A análise de dados fornece as provas necessárias para tomar decisões informadas, reduzindo a dependência da intuição e da adivinhação. Isto conduz a resultados mais exactos e eficazes.

2. **Identificação de oportunidades e desafios:**

   Através da análise de dados, as organizações podem identificar tendências emergentes, descobrir oportunidades de crescimento e antecipar potenciais desafios. Esta abordagem proactiva ajuda no planeamento estratégico e no posicionamento competitivo.

3. **Melhorar a eficiência:**

   o A análise de dados ajuda a otimizar os processos, a melhorar a atribuição de recursos e a
   aumentar a eficiência operacional. Ao identificar os estrangulamentos e as áreas a melhorar, as organizações podem otimizar as suas operações e reduzir os custos.

4. **Melhorar a compreensão do cliente:**

   o A análise dos dados dos clientes fornece informações sobre preferências, comportamentos e necessidades. Este conhecimento permite às empresas adaptar os seus produtos, serviços e estratégias de marketing para melhor satisfazer as exigências dos clientes.

5. **Apoiar a inovação:**

   o A análise de dados promove a inovação ao revelar novas perspectivas e possibilidades. Permite aos investigadores e às empresas experimentar novas ideias, testar hipóteses e desenvolver soluções inovadoras.

Desafios na análise de dados

1. **Qualidade dos dados:**

   o A má qualidade dos dados pode levar a análises incorrectas e a conclusões enganadoras. Garantir a exatidão, integridade e consistência dos dados é crucial para uma análise fiável.

2. **Integração de dados:**

   o A combinação de dados de várias fontes pode ser um desafio devido às diferenças de formatos, estruturas e definições. A integração efectiva de dados é essencial para uma análise abrangente.

3. **Complexidade**:

   o A análise de dados pode ser complexa, exigindo competências e conhecimentos especializados. Compreender e aplicar técnicas analíticas avançadas pode ser um desafio para muitos profissionais.

4. **Privacidade e segurança dos dados**:

   o A proteção de dados sensíveis e a garantia da privacidade são uma das principais preocupações na análise de dados. É fundamental cumprir os regulamentos de proteção de dados e implementar medidas de segurança robustas.

5. **Interpretação dos resultados**:

   o Interpretar corretamente os resultados da análise de dados é vital para evitar decisões mal informadas. Requer uma boa compreensão do contexto e das limitações da análise.

Tendências futuras na análise de dados

1. **Grandes volumes de dados**:

   o O crescimento dos grandes volumes de dados apresenta oportunidades e desafios. Os avanços tecnológicos estão a permitir a análise de conjuntos de dados grandes e complexos, gerando novos conhecimentos e inovações.

2. **Inteligência Artificial e Aprendizagem Automática**:

   o A IA e a aprendizagem automática estão a transformar a análise de dados, automatizando tarefas complexas e permitindo análises preditivas e prescritivas. Prevê-se que estas tecnologias venham a desempenhar um papel significativo no futuro da análise de dados.

3. **Visualização de dados**:

   o As ferramentas e técnicas aperfeiçoadas de visualização de dados estão a facilitar a interpretação e a comunicação de dados complexos. As visualizações interactivas e em tempo real estão a tornar-se mais prevalecentes.

4. **Privacidade e ética dos dados**:

   o À medida que a análise de dados se torna mais generalizada, será cada vez mais importante garantir uma utilização ética dos dados e proteger a privacidade. Os quadros regulamentares e as orientações éticas estão a evoluir para dar resposta a estas preocupações.

5. **Literacia de dados**:

   o Melhorar a literacia de dados entre os não especialistas é crucial para capacitar os indivíduos e as organizações a tirar partido dos dados de forma eficaz. As iniciativas educativas e as ferramentas de fácil utilização estão a ajudar a colmatar esta lacuna.

Em resumo, a análise de dados é uma disciplina multifacetada que desempenha um papel fundamental no mundo atual, orientado para os dados. Envolve um processo sistemático de recolha, limpeza, transformação e análise de dados para obter informações significativas e apoiar a tomada de decisões. Ao compreender e aplicar técnicas de análise de dados, os indivíduos e as organizações podem aproveitar o poder dos dados para promover a inovação, melhorar a eficiência e obter melhores resultados.

A importância da análise de dados

A análise de dados é uma pedra angular da tomada de decisões moderna, permitindo às organizações navegar através das vastas quantidades de dados gerados diariamente e transformá-los em informações valiosas. A importância da análise de dados abrange várias dimensões, incluindo o planeamento estratégico, a eficiência operacional e a inovação. De seguida, exploramos os aspectos críticos que tornam a análise de dados indispensável no mundo atual, orientado por dados.

1. Tomada de decisões informada

A análise de dados permite que as organizações tomem decisões baseadas em provas, em vez de se basearem na intuição ou na adivinhação. Ao analisar sistematicamente os dados, as empresas podem:

- **Identificar tendências e padrões**: O reconhecimento de padrões nos dados pode ajudar a prever tendências futuras, permitindo que as organizações se mantenham à frente da curva.

- **Avaliar opções**: A análise de dados fornece uma base factual para comparar diferentes estratégias ou soluções, facilitando a escolha da opção mais eficaz.

- **Gestão de riscos**: A análise de dados históricos ajuda a avaliar os riscos e a identificar potenciais armadilhas, permitindo melhores estratégias de gestão do risco.

2. Identificação de oportunidades e desafios

Através de uma análise de dados abrangente, as organizações podem descobrir oportunidades ocultas e antecipar desafios. Este aspeto é vital para o planeamento estratégico e para manter uma vantagem competitiva.

- **Análise de mercado**: Ao analisar os dados de mercado, as empresas podem identificar lacunas no mercado, necessidades dos clientes e tendências emergentes, ajudando a captar novas oportunidades.

- **Monitorização do desempenho**: A análise contínua de dados permite às organizações monitorizar o seu desempenho e detetar sinais precoces de potenciais problemas, facilitando intervenções atempadas.

3. Melhorar a eficiência operacional

A análise de dados desempenha um papel fundamental na otimização das operações e no aumento da produtividade. Ao examinar os dados operacionais, as organizações podem:

- **Simplificar os processos**: Identificar estrangulamentos e ineficiências nos fluxos de trabalho, permitindo melhorias nos processos e reduções de custos.

- **Atribuição de recursos**: Assegurar a afetação óptima dos recursos através da compreensão dos padrões de procura e da utilização dos recursos.

- **Gestão da cadeia de fornecimento**: Analisar os dados da cadeia de fornecimento para melhorar a logística, a gestão de stocks e o desempenho dos fornecedores.

4. Melhorar a compreensão do cliente

Compreender o comportamento e as preferências dos clientes é crucial para criar valor e garantir a sua satisfação. A análise de dados ajuda a:

- **Personalização**: A análise dos dados dos clientes permite às empresas adaptar os produtos, serviços e mensagens de marketing às preferências individuais, melhorando a experiência do cliente.

- **Segmentação de clientes**: A segmentação dos clientes com base no seu comportamento e dados demográficos permite estratégias de marketing direccionadas, conduzindo a um melhor envolvimento e retenção.

- **Análise de feedback**: A análise do feedback e das avaliações dos clientes ajuda a compreender os pontos problemáticos e as áreas a melhorar, conduzindo a um melhor serviço ao cliente.

5. Apoiar a inovação

A análise de dados promove uma cultura de inovação, fornecendo informações que podem conduzir a novas ideias e soluções. Apoia:

- **Investigação e desenvolvimento**: A análise de dados experimentais acelera o processo de I&D, ajudando a aperfeiçoar produtos e a desenvolver novas tecnologias.

- **Desenvolvimento de produtos**: As percepções dos dados dos clientes e das tendências do mercado orientam o desenvolvimento de produtos que satisfazem as exigências actuais e futuras.

- **Inovação de processos**: A identificação de ineficiências e lacunas de desempenho através da análise de dados conduz a melhorias inovadoras dos processos e a avanços tecnológicos.

6. Melhorar o desempenho financeiro

A análise de dados financeiros é fundamental para manter a saúde financeira de uma organização. Ela ajuda a:

- **Orçamentação e previsão**: A análise exacta dos dados financeiros apoia a elaboração de orçamentos e previsões financeiras eficazes, assegurando um melhor planeamento financeiro.

- **Gestão de custos**: A identificação de áreas de despesas excessivas e ineficiências ajuda a implementar medidas de redução de custos.

- **Decisões de investimento**: A análise de dados fornece uma base factual para a avaliação de oportunidades de investimento e para a tomada de decisões financeiras informadas.

7. Facilitar a conformidade e a gestão do risco

Em sectores altamente regulamentados, a análise de dados é essencial para garantir a conformidade e gerir os riscos.

- **Conformidade regulamentar**: A monitorização e análise contínuas dos dados operacionais ajudam as organizações a cumprir os requisitos regulamentares e a evitar sanções.

- **Deteção de fraudes**: A análise dos dados das transacções pode identificar padrões invulgares indicativos de actividades fraudulentas, permitindo intervenções atempadas.

- **Avaliação dos riscos**: As avaliações de risco regulares baseadas na análise de dados ajudam a identificar e a atenuar os riscos potenciais.

8. Condução de iniciativas estratégicas

A análise de dados apoia iniciativas estratégicas a longo prazo, fornecendo informações que se alinham com as metas e objectivos da organização.

- **Planeamento estratégico**: Os insights baseados em dados orientam o desenvolvimento de planos estratégicos, garantindo o alinhamento com as tendências do mercado e as capacidades organizacionais.

- **Métricas de desempenho**: O estabelecimento de indicadores-chave de desempenho (KPIs) com base na análise de dados ajuda a acompanhar o progresso em direção aos objectivos estratégicos.

- **Benchmarking**: A comparação das métricas de desempenho com os padrões da indústria através da análise de dados destaca as áreas de melhoria e o posicionamento competitivo.

Estudos de casos que realçam a importância da análise de dados

1. **Sector retalhista**:

   - Uma cadeia de retalho líder utilizou a análise de dados para otimizar os níveis de inventário, reduzindo as rupturas de stock e as situações de excesso de stock. Ao analisar os dados de vendas e as preferências dos clientes, a cadeia melhorou a rotação do seu inventário e aumentou a satisfação dos clientes.

2. **Sector da saúde**:

   - Um hospital utilizou a análise de dados para reduzir os tempos de espera dos pacientes e melhorar a qualidade dos cuidados. Ao analisar o fluxo de pacientes e os dados de tratamento, o hospital implementou melhorias no processo que levaram a uma melhor afetação de recursos e a melhores resultados para os pacientes.

3. **Serviços financeiros**:

   - Uma instituição financeira utilizou a análise preditiva para melhorar o seu sistema de pontuação de crédito. Ao analisar os dados históricos dos empréstimos e os perfis dos clientes, a instituição melhorou o seu processo de avaliação do risco, o que resultou numa redução das taxas de incumprimento e num aumento da rentabilidade.

4. **Fabrico**:

   - Uma empresa de produção utilizou a análise de dados para monitorizar e otimizar os seus processos de produção. Ao analisar os dados de desempenho das máquinas, a empresa reduziu o tempo de inatividade, melhorou a qualidade do produto e aumentou a eficiência global.

Implicações futuras da análise de dados

1. **Integração da Inteligência Artificial:**

   o A integração da IA e da aprendizagem automática com a análise de dados permitirá obter informações mais sofisticadas e automatizadas, conduzindo a uma maior eficiência e inovação.

2. **Análise em tempo real:**

   o O aumento da análise de dados em tempo real permitirá às organizações tomar decisões mais rápidas e responder rapidamente a condições em mudança, aumentando a agilidade e a capacidade de resposta.

3. **Democratização de dados:**

   o Melhorar a literacia em matéria de dados e fornecer ferramentas de fácil utilização permitirá que mais funcionários de todas as organizações utilizem os dados nas suas tarefas diárias, promovendo uma cultura orientada para os dados.

4. **Utilização ética e responsável dos dados:**

   o À medida que a análise de dados se torna mais generalizada, será crucial garantir uma utilização ética e manter a privacidade dos dados. O desenvolvimento de quadros sólidos de governação de dados e a adesão a orientações éticas serão essenciais.

Em conclusão, a importância da análise de dados não pode ser exagerada. Trata-se de uma ferramenta poderosa que permite tomar decisões informadas, identificar oportunidades e desafios, melhorar a eficiência operacional, melhorar a compreensão dos clientes, apoiar a inovação e garantir a conformidade e a gestão dos riscos. À medida que a tecnologia continua a evoluir, o papel da análise de dados tornar-se-á cada vez mais crítico, moldando o futuro das indústrias e das sociedades em todo o mundo.

Perspetiva histórica

O domínio da análise de dados tem uma história rica e variada que se estende por séculos. A compreensão do seu contexto histórico permite compreender como a análise de dados evoluiu da manutenção de registos e da aritmética básica para as técnicas e tecnologias sofisticadas utilizadas atualmente. Esta evolução reflecte a crescente complexidade e volume de dados, bem como os avanços na matemática, estatística e computação.

Análise de dados antigos e antigos

1. **Civilizações antigas**:

   o **Mesopotâmia**: Por volta de 3000 a.C., os sumérios da Mesopotâmia usavam

   As tábuas cuneiformes para registar dados sobre as colheitas, o comércio e a população. Estes registos permitiam analisar os rendimentos agrícolas e a afetação de recursos.

   o **Egipto**: Os antigos egípcios utilizavam a recolha e análise de dados para fins administrativos

   para fins de tributação, recenseamento e projectos de construção como as pirâmides.

2. **Contribuições gregas e romanas**:

   o **Grécia**: Os gregos contribuíram para a fundação da análise de dados através do desenvolvimento da geometria e dos primeiros conceitos estatísticos. Hipócrates e outros médicos gregos recolheram e analisaram dados sobre os sintomas e tratamentos dos doentes.

   o **Roma**: Os romanos realizavam recenseamentos extensivos para recolher dados sobre a sua população, que eram utilizados para informar a governação e o planeamento militar.

Evolução da Idade Média à Renascença

1. **Período Medieval**:

   o Durante o período medieval, a recolha de dados limitava-se frequentemente aos registos da igreja e aos decretos reais. Os mosteiros mantinham registos detalhados da produção agrícola e das transacções económicas, constituindo os primeiros exemplos de registo sistemático de dados.

2. **Renascimento**:

   o O Renascimento trouxe um interesse renovado pela ciência e pela matemática, levando a avanços significativos na análise de dados. A invenção da imprensa no século XV facilitou a divulgação de conhecimentos matemáticos e estatísticos.

O nascimento da estatística moderna (séculos XVII a XIX)

1. **Século XVII**:

- o **John Graunt**: Conhecido como um dos primeiros demógrafos, Graunt analisou dados de mortalidade em Londres, produzindo "Natural and Political Observations Made upon the Bills of Mortality" (1662). O seu trabalho lançou as bases do pensamento estatístico moderno.

  - o **Blaise Pascal e Pierre de Fermat**: A sua correspondência sobre a teoria das probabilidades na década de 1650 marcou o início da teoria formal das probabilidades e da estatística.

2. **Século XVIII**:

  - o **Thomas Bayes**: O teorema de Bayes, introduzido na sua obra póstuma "An Essay towards solving a Problem in the Doctrine of Chances" (1763), tornou-se um conceito fundamental na estatística e na análise de dados.

  - o **Johann Carl Friedrich Gauss**: Gauss desenvolveu o método dos mínimos quadrados e a distribuição normal (distribuição gaussiana), ferramentas essenciais na análise estatística.

3. **Século XIX**:

  - o **Adolphe Quetelet**: Astrónomo e estatístico belga, Quetelet aplicou os métodos estatísticos às ciências sociais, introduzindo o conceito de "homem médio" e a utilização de médias estatísticas nos dados sociais.

  - o **Florence Nightingale**: Nightingale utilizou a análise estatística para melhorar as práticas médicas e sanitárias durante a Guerra da Crimeia, criando representações visuais de dados com o seu famoso diagrama de área polar.

A ascensão da análise de dados moderna (século XX)

1. **Início do século XX**:

  - o **Karl Pearson**: Pearson desenvolveu o coeficiente de correlação e fundou a disciplina da estatística matemática. Os seus trabalhos sobre a análise de regressão e os testes de hipóteses prepararam o terreno para os métodos estatísticos modernos.

  - o **Ronald A. Fisher**: As contribuições de Fisher para a conceção experimental, a análise de variância (ANOVA) e a estimativa de máxima verosimilhança tiveram um impacto profundo na teoria e na prática estatística.

2. **Meados do século XX**:

  - o O advento dos computadores revolucionou a análise de dados. Os primeiros computadores, como o ENIAC e o UNIVAC, permitiram o processamento de grandes conjuntos de dados e a aplicação de algoritmos complexos.

- o **John Tukey**: Tukey cunhou o termo "análise exploratória de dados" (AED) e desenvolveu métodos gráficos, como o gráfico de caixa, salientando a importância da visualização de dados para descobrir padrões e conhecimentos.

3. **Final do século XX**:

- o O desenvolvimento de pacotes de software como o SAS, o SPSS e, mais tarde, o R e o Python democratizou a análise de dados, tornando as ferramentas estatísticas avançadas acessíveis a um público mais vasto.

- o O surgimento das bases de dados e do armazenamento de dados facilitou o armazenamento e a recuperação de grandes quantidades de dados, abrindo caminho para a análise de grandes volumes de dados.

A era do Big Data e da Inteligência Artificial (século XXI)

1. **Grandes volumes de dados**:

- o O século XXI assistiu a uma explosão no volume, variedade e velocidade dos dados, comummente designados por big data. Tecnologias como o Hadoop e o Spark permitem o processamento e a análise de conjuntos de dados em grande escala.

- o **Computação em nuvem**: As plataformas de computação em nuvem, como AWS, Google Cloud e Azure, fornecem infra-estruturas escaláveis para armazenamento e análise de dados, disponibilizando amplamente poderosos recursos computacionais.

2. **Inteligência Artificial e Aprendizagem Automática**:

- o Os avanços na IA e na aprendizagem automática transformaram a análise de dados, permitindo a análise preditiva, o processamento de linguagem natural e o reconhecimento de padrões complexos.

- o Aprendizagem **profunda**: Técnicas como as redes neuronais e a aprendizagem profunda alargaram os limites do que é possível com a análise de dados, permitindo avanços em áreas como o reconhecimento de imagem e de voz.

3. **Ciência de dados**:

- o Surgiu o domínio interdisciplinar da ciência dos dados, que combina estatística, ciências informáticas e conhecimentos especializados para extrair conhecimentos e ideias dos dados. Os cientistas de dados utilizam uma série de ferramentas e técnicas para analisar e interpretar conjuntos de dados complexos.

Principais marcos na tecnologia de análise de dados

1. **1970s:**

   o O desenvolvimento do modelo de base de dados relacional por Edgar F. Codd revolucionou a gestão de dados, permitindo o armazenamento, a recuperação e a manipulação eficientes de dados.

   o Introdução dos primeiros pacotes de software estatístico, que tornaram mais acessível a análise avançada de dados.

2. **1980s:**

   o O aparecimento dos computadores pessoais permitiu que indivíduos e pequenas organizações efectuassem análises de dados nas suas próprias máquinas.

   o Desenvolvimento de software de folha de cálculo como o Microsoft Excel, que se tornou uma ferramenta omnipresente para a análise e visualização de dados.

3. **1990s:**

   o O crescimento da Internet facilitou a recolha e a partilha de dados a uma escala sem precedentes.

   o O aparecimento de técnicas de extração de dados, que permitiram a extração de padrões e conhecimentos a partir de grandes conjuntos de dados.

4. **2000s:**

   o Introdução das bases de dados NoSQL, que permitiram conceber esquemas flexíveis para tratar dados não estruturados e semi-estruturados, típicos das aplicações de megadados.

   o Desenvolvimento de ferramentas de análise de dados de fonte aberta, como o R e o Python, que proporcionaram opções poderosas e personalizáveis para estatísticos e cientistas de dados.

5. **2010s:**

   o O advento da análise de dados em tempo real e da Internet das Coisas (IoT), que permitiu a recolha e análise contínuas de dados de dispositivos ligados.

o Avanços significativos nos algoritmos de aprendizagem automática e a proliferação de aplicações de IA na análise de dados.

O futuro da análise de dados

1. **Automatização e análise aumentada:**

   o No futuro, assistiremos a uma maior automatização dos processos de análise de dados, com a IA e a aprendizagem automática a fornecerem capacidades analíticas aumentadas que ajudam os analistas humanos a descobrirem informações de forma mais eficiente.

2. **Considerações éticas:**

   o À medida que a análise de dados se torna mais difundida, as considerações éticas relativas à privacidade dos dados, à segurança e ao potencial de enviesamento dos algoritmos serão fundamentais.

3. **Integração de tecnologias avançadas:**

   o As tecnologias emergentes, como a computação quântica, têm o potencial de revolucionar a análise de dados, fornecendo um poder computacional sem precedentes para resolver problemas complexos.

4. **Democratização de dados:**

   o Os esforços para melhorar a literacia dos dados e tornar as ferramentas analíticas mais fáceis de utilizar permitirão a um maior número de indivíduos e organizações tirar partido dos dados de forma eficaz.

Em conclusão, a perspetiva histórica da análise de dados revela uma viagem fascinante desde a antiga manutenção de registos até às sofisticadas técnicas analíticas de hoje. Esta evolução reflecte o avanço contínuo do conhecimento humano e da tecnologia, conduzindo a conhecimentos e inovações cada vez maiores em vários domínios. Compreender esta história não só realça a importância da análise de dados, como também fornece uma base para apreciar o seu potencial futuro.

Visão geral do processo de análise de dados

O processo de análise de dados é uma abordagem estruturada para transformar dados brutos em informações significativas que podem informar a tomada de decisões. Este processo envolve normalmente várias etapas fundamentais, cada uma delas exigindo competências e ferramentas específicas. A compreensão destas etapas fornece um quadro abrangente para a realização de uma análise de dados eficaz.

1. Definição do objetivo

O primeiro passo em qualquer projeto de análise de dados é definir claramente o objetivo. Isto implica compreender o problema em causa, as questões que precisam de ser respondidas e os objectivos da análise. Um objetivo bem definido orienta todo o processo de análise e garante que os esforços se concentram nos dados e métodos relevantes.

- **Consulta das partes interessadas**: Colaborar com as partes interessadas para identificar as suas necessidades e expectativas.

- **Declaração do problema**: Formular uma declaração clara do problema ou uma pergunta de investigação.

- **Âmbito e limites**: Definir o âmbito da análise e quaisquer restrições (por exemplo, tempo, recursos).

2. Recolha de dados

Uma vez definido o objetivo, a etapa seguinte consiste em recolher os dados pertinentes. Os dados podem ser recolhidos de várias fontes, consoante a natureza da análise.

- **Dados primários**: Dados recolhidos em primeira mão através de inquéritos, experiências ou observação direta.

- **Dados secundários**: Dados existentes provenientes de bases de dados, relatórios ou estudos publicados.

- **Fontes de dados**: Identificar e aceder a fontes de dados relevantes, tais como bases de dados, APIs ou raspagem da Web.

3. Limpeza de dados

Os dados em bruto são muitas vezes confusos e requerem limpeza antes de poderem ser analisados. A limpeza de dados envolve a deteção e correção de erros, o tratamento de valores em falta e a garantia de consistência.

- **Tratamento de dados em falta**: As estratégias incluem a imputação, a remoção ou a utilização de algoritmos que podem tratar os valores em falta.

- **Remoção de registos duplicados**: Identificar e remover registos duplicados para evitar distorções.

- **Consistência de dados**: Normalizar os formatos de dados (por exemplo, datas, unidades de medida) e corrigir inconsistências.

4. Exploração e transformação de dados

A Análise Exploratória de Dados (AED) é o processo de examinar os dados para compreender as suas principais características. Esta etapa envolve frequentemente a transformação dos dados para os tornar adequados para análise.

- **Estatísticas descritivas**: Calcular estatísticas básicas, como média, mediana, moda, variância e desvio padrão.

- **Visualização**: Utilizar representações gráficas (por exemplo, histogramas, gráficos de dispersão) para identificar padrões e valores atípicos.

- **Transformação de dados**: Aplicar técnicas como a normalização, o escalonamento e a criação de novas variáveis (características) para preparar os dados para análise.

5. Modelação de dados

A modelação de dados envolve a aplicação de modelos estatísticos ou de aprendizagem automática aos dados para descobrir padrões e relações. A escolha do modelo depende do objetivo da análise e da natureza dos dados.

- **Seleção do modelo:** Selecionar modelos adequados, tais como regressão, classificação, agrupamento ou análise de séries temporais.

- **Treino do modelo**: Dividir os dados em conjuntos de treino e de teste para treinar o modelo e avaliar o seu desempenho.

- **Validação do modelo**: Utilizar técnicas como a validação cruzada para garantir a fiabilidade do modelo e evitar o sobreajuste.

6. Interpretação de dados

A interpretação dos resultados da análise de dados é crucial para tirar conclusões significativas e tomar decisões informadas. Esta etapa implica compreender as implicações dos resultados e a sua relevância para o objetivo inicial.

- **Interpretação de resultados**: Traduzir os resultados do modelo em informações accionáveis.

- **Teste de significância**: Efetuar testes de hipóteses para determinar a significância estatística dos resultados.

- **Análise contextual**: Considerar os resultados no contexto do domínio do problema e dos conhecimentos existentes.

7. Visualização de dados

A visualização eficaz dos dados ajuda a comunicar os resultados da análise de forma clara e persuasiva. As visualizações devem ser adaptadas ao público e às mensagens-chave que precisam de ser transmitidas.

- **Escolher o gráfico correto**: Seleccione os tipos de gráficos adequados (por exemplo, gráficos de barras, gráficos de linhas, mapas de calor) com base nos dados e na mensagem.

- **Criação de Dashboards**: Desenvolver dashboards interactivos para exploração e apresentação dinâmica de dados.

- **Narração de histórias**: Utilize visualizações de dados para contar uma história convincente que destaque as principais informações e apoie a tomada de decisões.

8. Relatórios e apresentação

A etapa final consiste em compilar os resultados da análise num relatório exaustivo e apresentar as conclusões às partes interessadas. Isto implica resumir os principais conhecimentos, recomendações e quaisquer limitações da análise.

- **Redação de relatórios**: Preparar um relatório detalhado que inclua o objetivo, a metodologia, os resultados e as conclusões.

- **Resumo executivo**: Fornecer um resumo conciso das principais conclusões e recomendações para os decisores.

- **Apresentação**: Desenvolver uma apresentação para comunicar eficazmente os resultados às partes interessadas, utilizando recursos visuais e explicações claras.

Ferramentas e tecnologias no processo de análise de dados

1. **Instrumentos de recolha de dados**:

   o **Inquéritos**: SurveyMonkey, Google Forms

   o **Web Scraping**: Beautiful Soup, Scrapy

   o **APIs**: Postman, cURL

2. **Ferramentas de limpeza de dados**:

   o **Processamento de dados**: OpenRefine, Trifacta

   o **Bibliotecas Python**: Pandas, NumPy

3. **Ferramentas de exploração e visualização de dados**:

   o **Visualização**: Tableau, Power BI, Matplotlib, Seaborn

   o **EDA**: Jupyter Notebook, RStudio

4. **Ferramentas de modelação de dados**:

    o **Análise estatística**: R, SPSS, SAS

    o **Aprendizagem automática**: Scikit-learn, TensorFlow, Keras

5. **Ferramentas de relatório e apresentação**:

    o **Redação de relatórios**: Microsoft Word, LaTeX

    o **Apresentação**: Microsoft PowerPoint, Prezi

Desafios no processo de análise de dados

1. **Qualidade dos dados**:

    o Garantir a exatidão, integridade e consistência dos dados pode ser um desafio, especialmente com conjuntos de dados grandes e diversificados.

2. **Integração de dados**:

    o A combinação de dados de várias fontes com diferentes formatos e estruturas requer técnicas robustas de integração de dados.

3. **Complexidade dos modelos**:

    o Selecionar e ajustar o modelo certo envolve um conhecimento profundo dos princípios estatísticos e de aprendizagem automática.

4. **Interpretação dos resultados**:

    o Interpretar corretamente os resultados e evitar enviesamentos exige conhecimentos especializados e pensamento crítico.

5. **Considerações éticas**:

    o Garantir a utilização ética dos dados, manter a privacidade e evitar enviesamentos na análise e modelação são cruciais para uma análise de dados responsável.

Melhores práticas para uma análise de dados eficaz

1. **Objectivos claros** :

    o Definir objectivos claros e específicos para orientar o processo de análise.

2. **Limpeza robusta de dados**:

    o Investir tempo na limpeza completa dos dados para garantir a qualidade e a fiabilidade dos mesmos.

3. **EDA abrangente**:

   o Conduzir uma análise exploratória detalhada dos dados para compreender as principais características dos dados e informar a modelação subsequente.

4. **Seleção adequada do modelo**:

   o Escolha os modelos que melhor se adaptam aos dados e aos objectivos da análise e valide-os rigorosamente.

5. **Comunicação eficaz**:

   o Utilizar visualizações e relatórios claros para comunicar eficazmente as conclusões às partes interessadas.

6. **Aprendizagem contínua**:

   o Manter-se atualizado com as mais recentes ferramentas, técnicas e melhores práticas de análise de dados para melhorar continuamente a qualidade da análise.

Em conclusão, o processo de análise de dados é uma abordagem estruturada e sistemática que transforma dados brutos em informações valiosas. Seguindo estes passos e aderindo às melhores práticas, os analistas podem garantir que o seu trabalho é exato, fiável e com impacto, apoiando, em última análise, a tomada de decisões informadas e impulsionando o sucesso organizacional.

Capítulo 2: Recolha e limpeza de dados

Métodos de recolha de dados

A recolha de dados é uma etapa fundamental do processo de análise de dados, uma vez que a qualidade e a fiabilidade da análise dependem em grande medida dos dados recolhidos. Existem vários métodos de recolha de dados, cada um deles adequado a diferentes tipos de estudos e objectivos. Esta secção fornece uma visão detalhada dos métodos de recolha de dados primários, das suas vantagens e considerações.

1. Inquéritos

Os inquéritos são um método popular de recolha de dados de um grande grupo de pessoas. Envolvem a colocação de uma série de perguntas aos inquiridos e podem ser realizados em vários formatos, incluindo online, presencialmente, por telefone ou por correio.

- **Inquéritos online**: Realizados com ferramentas baseadas na Web, como SurveyMonkey, Google Forms ou Qualtrics. São económicos, podem atingir um grande público e permitem uma rápida recolha e análise de dados.

    o **Vantagens**: Fácil de distribuir, pode incluir multimédia, introdução automática de dados.

    o **Desvantagens**: Potencial para baixas taxas de resposta, amostras não representativas devido à fratura digital.

- **Inquéritos presenciais**: Entrevistas presenciais em que o inquiridor faz perguntas diretamente ao inquirido.

    o **Vantagens**: Taxas de resposta elevadas, possibilidade de clarificar as perguntas, maior exatidão dos dados.

    o **Desvantagens**: Demorado, dispendioso, potencial enviesamento do entrevistador.

- **Inquéritos telefónicos**: Realizados por telefone, normalmente com amostragem aleatória.

    o **Vantagens**: Mais rápido do que o contacto direto, grande alcance geográfico.

    o **Desvantagens**: Limitado a pessoas com telefone, potencial para taxas de resposta mais baixas devido ao cansaço do telemarketing.

- **Inquéritos por correio**: Inquéritos enviados por correio postal.

    o **Vantagens**: Pode chegar a pessoas sem acesso à Internet, os inquiridos podem completar o questionário quando lhes for conveniente.

o **Desvantagens**: Tempos de resposta lentos, custo elevado, possibilidade de baixas taxas de resposta.

2. Estudos observacionais

Os estudos observacionais envolvem a recolha de dados através da observação de indivíduos no seu ambiente natural sem interferência.

- **Observação direta**: Observação de comportamentos ou eventos à medida que ocorrem.

  o **Vantagens**: Fornece dados em tempo real, informações contextualmente ricas.

  o **Desvantagens**: Viés do observador, limitado a fenómenos observáveis, pode ser intrusivo.

- **Observação participante**: O investigador torna-se parte do grupo que está a ser estudado para obter conhecimentos mais profundos.

  o **Vantagens**: Compreensão aprofundada, dados qualitativos ricos.

  o **Desvantagens**: Demora muito tempo, potencial enviesamento devido ao envolvimento do investigador, considerações éticas.

3. Experiências

As experiências são estudos controlados em que o investigador manipula uma ou mais variáveis para observar o efeito sobre outra variável.

- **Experiências de laboratório**: Realizadas num ambiente controlado onde as variáveis podem ser controladas com precisão.

  o **Vantagens**: Elevado nível de controlo, possibilidade de reprodução, relações claras de causa e efeito.

  o **Desvantagens**: O ambiente artificial pode não refletir cenários do mundo real, potencial para o efeito Hawthorne (os sujeitos alteram o comportamento porque sabem que estão a ser estudados).

- **Experiências de campo**: Realizadas em ambientes naturais.

  o **Vantagens**: Comportamento mais natural, aplicável a situações do mundo real.

o **Desvantagens**: Menor controlo sobre variáveis estranhas, potenciais questões éticas.

4. Recolha de dados secundários

Os dados secundários referem-se a dados que foram recolhidos por outra pessoa para um fim diferente, mas que podem ser reutilizados para a análise atual.

- **Relatórios governamentais**: Dados estatísticos de agências como o Gabinete de Recenseamento, o Banco Mundial ou a OMS.

  o **Vantagens**: Frequentemente abrangente, fiável e sem custos.

  o **Desvantagens**: Pode não corresponder perfeitamente às necessidades de investigação, problemas potenciais com dados desactualizados.

- **Publicações académicas**: Dados de artigos académicos e estudos de investigação.

  o **Vantagens**: Metodologias pormenorizadas e revistas por pares.

  o **Desvantagens**: O acesso pode ser restrito, os formatos dos dados variam.

- **Dados comerciais**: Dados adquiridos a empresas de estudos de mercado.

  o **Vantagens**: Dados pormenorizados e específicos do sector.

  o **Desvantagens**: Custo elevado, restrições de licenciamento.

5. Dados administrativos

Os dados administrativos são recolhidos no âmbito da administração e funcionamento de organizações e agências governamentais.

- **Registos de cuidados de saúde**: Registos de pacientes de hospitais e clínicas.

  o **Vantagens**: Dados ricos e longitudinais, úteis para estudos de saúde.

  o **Desvantagens**: Preocupações com a privacidade, restrições de acesso, potenciais erros de codificação.

- **Registos comerciais**: Dados transaccionais, registos de vendas e dados de clientes.

  o **Vantagens**: Dados operacionais pormenorizados, úteis para a análise de negócios.

  o **Desvantagens**: Dados proprietários, potenciais problemas de qualidade dos dados.

6. Raspagem da Web

A raspagem da Web envolve a extração de dados de sítios Web utilizando ferramentas ou scripts automatizados.

- **Ferramentas**: Beautiful Soup, Scrapy, Selenium.

  o **Vantagens**: Acesso a uma grande quantidade de dados, informação actualizada.

  o **Desvantagens**: Considerações legais e éticas, potencial para erros de extração de dados.

7. Sensores e dispositivos IoT

Dados recolhidos de sensores e dispositivos da Internet das Coisas (IoT) em tempo real.

- **Exemplos**: Sensores ambientais, dispositivos domésticos inteligentes, rastreadores de saúde portáteis.

  o **Vantagens**: Recolha contínua de dados, elevada precisão, monitorização em tempo real.

  o **Desvantagens**: Preocupações com a privacidade dos dados, desafios de integração de dados.

Considerações sobre a recolha de dados

1. **Ética e privacidade**: Assegurar práticas éticas na recolha de dados, obter consentimento informado e proteger a privacidade dos inquiridos.

2. **Amostragem**: Utilizar técnicas de amostragem adequadas para garantir que os dados são representativos da população.

3. **Minimização de enviesamentos**: Implementar estratégias para minimizar os enviesamentos, como a amostragem aleatória e a cegueira nas experiências.

4. **Qualidade dos dados**: Concentrar-se na recolha de dados de alta qualidade através da conceção de perguntas claras para os inquéritos, da calibração dos instrumentos e da realização de estudos-piloto.

Desafios na recolha de dados

1. **Taxas de resposta**: Atingir taxas de resposta elevadas pode ser um desafio, especialmente com inquéritos. Estratégias como acompanhamento e incentivos podem ajudar.

2. **Acesso aos dados**: Obter acesso a dados proprietários ou sensíveis pode exigir negociações e o cumprimento de regulamentos de proteção de dados.

3. **Integração de dados**: A combinação de dados de diferentes fontes e formatos pode ser complexa e requer técnicas robustas de integração de dados.

4. **Limitações técnicas**: Garantir que a infraestrutura técnica é capaz de lidar com grandes volumes de dados, especialmente para a recolha de dados em tempo real a partir de dispositivos IoT.

Em conclusão, a recolha de dados é um passo fundamental no processo de análise de dados, com vários métodos disponíveis, dependendo dos objectivos e do contexto do estudo. Cada método tem as suas vantagens e desafios, e é essencial um planeamento cuidadoso para garantir que os dados recolhidos são exactos, fiáveis e relevantes. Compreender estes métodos e considerações ajuda a conceber estratégias de recolha de dados eficazes que apoiam uma análise de dados sólida e perspicaz.

Garantir a qualidade dos dados

Garantir a qualidade dos dados é um aspeto crítico do processo de análise de dados. Os dados de alta qualidade são exactos, completos, consistentes, fiáveis e oportunos. A má qualidade dos dados pode levar a conclusões incorrectas, decisões erradas e potenciais perdas financeiras. Esta secção fornece uma visão geral abrangente das estratégias, melhores práticas e ferramentas para garantir a qualidade dos dados.

Importância da qualidade dos dados

1. **Exatidão**:

   o Os dados exactos reflectem corretamente as entidades e os acontecimentos do mundo real que é suposto representarem. Os erros nos dados podem conduzir a análises e decisões incorrectas.

2. **Completude**:

   o Os dados completos contêm toda a informação necessária. Os dados em falta podem distorcer os resultados e reduzir a eficácia da análise.

3. **Coerência**:

   o Os dados consistentes são uniformes e cumprem as normas em diferentes conjuntos de dados e sistemas. As incoerências podem gerar confusão e erros de interpretação.

4. **Fiabilidade**:

   o Os dados fiáveis são fiáveis e podem ser utilizados para tomar decisões. Mantêm-se exactos e consistentes ao longo do tempo.

5. **Atualidade:**

   o Os dados oportunos estão disponíveis quando necessário. Os dados desactualizados podem conduzir a conhecimentos irrelevantes ou incorrectos.

Estratégias para garantir a qualidade dos dados

1. **Governação de dados:**

   o Estabelecer um quadro sólido de governação de dados que inclua políticas, normas e procedimentos para a gestão de dados.

   o Definir funções e responsabilidades para a gestão de dados, garantindo a responsabilização e a supervisão.

2. **Avaliação da qualidade dos dados:**

   o Avaliar regularmente a qualidade dos dados utilizando métricas como a exatidão, a exaustividade, a consistência e a atualidade.

   o Conduzir a definição de perfis de dados para compreender o estado atual dos dados e identificar potenciais problemas.

3. **Validação de dados:**

   o Implementar regras de validação para verificar a exatidão e a coerência dos dados durante a sua introdução e processamento.

   o Utilizar ferramentas automatizadas para validar dados em tempo real e assinalar erros para correção.

4. **Normalização:**

   o Padronizar formatos de dados, unidades de medida e convenções de nomes em toda a organização.

   o Utilizar dados de referência e gestão de dados principais (MDM) para manter definições consistentes de entidades-chave.

5. **Limpeza de dados:**

   o Utilizar técnicas de limpeza de dados para corrigir erros, remover duplicados e tratar valores em falta.

   o Monitorizar e limpar continuamente os dados para manter a sua qualidade ao longo do tempo.

6. **Integração de dados**:

   o Integrar cuidadosamente os dados de várias fontes para garantir a
   coerência e a exatidão.

   o Utilizar processos de extração, transformação e carregamento (ETL) para
   combinar e harmonizar dados de diferentes sistemas.

7. **Formação e sensibilização**:

   o Formar os funcionários sobre a importância da qualidade dos dados e as
   melhores práticas para a introdução e gestão de dados.

   o Promover uma cultura de sensibilização para a qualidade dos dados em
   toda a organização.

8. **Auditorias e controlos regulares**:

   o Realizar auditorias regulares à qualidade dos dados para identificar e
   resolver problemas de forma proactiva.

   o Implementar sistemas de monitorização contínua para detetar e resolver
   problemas de qualidade dos dados em tempo real.

Ferramentas para garantir a qualidade dos dados

1. **Ferramentas de criação de perfis de dados**:

   o **Talend Data Quality**: Oferece capacidades de criação de perfis, limpeza
   e enriquecimento de dados.

   o **Informática Data Quality**: Fornece características de perfil de dados,
   correspondência e monitorização.

2. **Ferramentas de limpeza de dados**:

   o **OpenRefine**: Uma ferramenta de código aberto para limpeza e
   transformação de dados.

   o **Trifacta Wrangler**: Uma ferramenta comercial para a organização e
   preparação de dados.

3. **Ferramentas de validação de dados**:

   o **SQL**: Utilizar consultas SQL para implementar regras de validação e
   verificar a integridade dos dados.

   o **Python/R**: Utilizar linguagens de programação para escrever scripts de
   validação personalizados.

4. **Ferramentas de integração de dados**:

   o **Apache NiFi**: Uma ferramenta de integração de dados de código aberto para automatizar fluxos de dados.

   o **Microsoft SSIS (SQL Server Integration Services)** : Uma ferramenta para integração, transformação e migração de dados.

5. **Ferramentas de Gestão de Dados Mestres (MDM)**:

   o **IBM InfoSphere MDM**: Fornece capacidades abrangentes de MDM para gerir e integrar dados mestre.

   o **SAP Master Data Governance**: Uma ferramenta para governação e gestão centralizada de dados mestre.

Melhores práticas para garantir a qualidade dos dados

1. **Definir métricas de qualidade dos dados**:

   o Estabelecer métricas claras para avaliar a qualidade dos dados, tais como taxas de exatidão, percentagens de exaustividade e pontuações de pontualidade.

   o Utilize estas métricas para acompanhar e comunicar a qualidade dos dados ao longo do tempo.

2. **Implementar normas de qualidade dos dados**:

   o Desenvolver e aplicar normas de qualidade dos dados em toda a organização.

   o Utilizar as normas e as melhores práticas do sector como referências para a qualidade dos dados.

3. **Envolver as partes interessadas**:

   o Envolver as partes interessadas de diferentes departamentos nas iniciativas de qualidade dos dados.

   o Assegurar que os esforços de qualidade dos dados estão alinhados com os objectivos e requisitos comerciais.

4. **Automatizar os processos de qualidade dos dados**:

   o Utilizar a automatização para simplificar as verificações e correcções da qualidade dos dados.

   o Implementar fluxos de trabalho automatizados para validação, limpeza e monitorização de dados.

5. **Documentar os procedimentos de qualidade dos dados**:

    o Manter uma documentação exaustiva dos procedimentos de qualidade dos dados, incluindo regras de validação, técnicas de limpeza e políticas de governação.

    o Assegurar que a documentação está acessível e é regularmente actualizada.

6. **Tirar partido das tecnologias avançadas**:

    o Utilizar a aprendizagem automática e a inteligência artificial para melhorar os processos de qualidade dos dados.

    o Implementar análises preditivas para identificar potenciais problemas de qualidade dos dados antes de estes surgirem.

Desafios para garantir a qualidade dos dados

1. **Volume e complexidade**:

    o Gerir a qualidade dos dados em conjuntos de dados grandes e complexos pode ser um desafio. Podem surgir problemas de escalabilidade e desempenho.

2. **Silos de dados**:

    o Os dados armazenados em sistemas díspares podem levar a inconsistências e desafios de integração. A eliminação dos silos de dados é essencial para manter a qualidade.

3. **Modificação de dados**:

    o Os dados estão em constante evolução e a manutenção da qualidade ao longo do tempo exige um acompanhamento e uma atualização contínuos.

4. **Restrições de recursos**:

    o Garantir a qualidade dos dados pode exigir recursos intensivos, requerendo investimento em ferramentas, formação e pessoal.

5. **Resistência organizacional**:

    o A resistência à mudança e a falta de adesão das partes interessadas podem prejudicar as iniciativas de qualidade dos dados. A promoção de uma cultura de qualidade dos dados é vital.

Em conclusão, garantir a qualidade dos dados é um aspeto fundamental do processo de análise de dados. Através da implementação de estratégias sólidas, da utilização de ferramentas adequadas e do seguimento das melhores práticas, as organizações podem obter dados de elevada qualidade que suportem análises precisas e fiáveis. Apesar dos desafios, um compromisso com a qualidade dos dados conduz a uma melhor tomada de decisões, a uma maior eficiência e a um melhor desempenho organizacional.

Técnicas de limpeza de dados

A limpeza de dados, também conhecida como depuração de dados ou "data wrangling", envolve a deteção e correção (ou remoção) de registos corruptos ou imprecisos de um conjunto de dados. Isto assegura que os dados são exactos, completos e estão prontos para análise. Seguem-se técnicas pormenorizadas de limpeza de dados.

Técnicas comuns de limpeza de dados

Tratamento de dados em falta

Supressão:

Eliminação de listas: Remover linhas inteiras onde algum valor está em falta.

Vantagens: Simplifica o tratamento dos dados, sem necessidade de imputação.

Desvantagens: Pode resultar numa perda significativa de dados, particularmente problemática se os dados em falta não forem aleatórios.

Eliminação de pares: Remover apenas os valores em falta e manter o resto dos dados para análise.

Vantagens: Conserva mais dados do que a eliminação por lista.

Desvantagens: Dá origem a tamanhos de amostra inconsistentes nas análises.

Imputação:

Imputação de média/mediana/modo: Substituir os valores em falta pela média, mediana ou moda da variável.

Vantagens: Simples e rápido de implementar.

Desvantagens: Reduz a variabilidade dos dados e pode introduzir enviesamentos.

Imputação de regressão: Utilizar modelos de regressão para prever e preencher os valores em falta com base noutras variáveis.

Vantagens: Mais exato do que os métodos básicos de imputação.

Desvantagens: Pode introduzir preconceitos se o modelo for incorreto.

Imputação múltipla: Gerar vários conjuntos de imputações para refletir a incerteza dos dados em falta.

Vantagens: Proporciona um reflexo mais exato da variabilidade dos dados em falta.

Desvantagens: Computacionalmente intensivo.

Remoção de duplicados

Identificação: Utilizar algoritmos ou inspeção manual para detetar registos duplicados.

Remoção: Eliminar duplicados exactos ou consolidar duplicados parciais.

Vantagens: Melhora a exatidão dos dados, reduz a redundância.

Desvantagens: Risco de perder informação relevante se os duplicados não forem corretamente identificados.

Normalização de dados

Normalização de formatos: Assegurar a consistência dos formatos de dados (por exemplo, datas, números de telefone, endereços).

Unidades de medida: Converter medidas para uma unidade comum (por exemplo, do sistema métrico para o imperial).

Vantagens: Assegura a uniformidade e a comparabilidade.

Desvantagens: Requer atenção aos pormenores e conhecimento das unidades adequadas.

Correção de erros

Inspeção manual: Rever os dados manualmente para identificar e corrigir erros óbvios.

Deteção automatizada de erros: Utilizar scripts ou software para identificar erros comuns (por exemplo, valores atípicos, entradas incorrectas).

Vantagens: Melhora a exatidão dos dados.

Desvantagens: Demora muito tempo, pode exigir conhecimentos especializados no domínio.

Tratamento de valores atípicos

Identificação: Detetar valores anómalos utilizando métodos estatísticos (por exemplo, pontuações Z, IQR).

Tratamento: Decidir se os outliers devem ser removidos, transformados ou investigados.

Vantagens: Reduz o impacto dos valores extremos na análise.

Desvantagens: Risco de perder informações importantes se os valores atípicos forem legítimos.

Transformação de dados

Normalização: Escalar os dados para um intervalo padrão (por exemplo, 0 a 1) para garantir a comparabilidade.

Padronização: Transformar os dados para que tenham uma média de 0 e um desvio padrão de 1.

Codificação: Converter variáveis categóricas em formato numérico (por exemplo, codificação de um ponto).

Vantagens: Prepara os dados para análise e modelação.

Desvantagens: Requer conhecimento das transformações adequadas para diferentes tipos de dados.

Integração de dados

Fusão de conjuntos de dados: Combine dados de várias fontes fazendo corresponder os campos relevantes.

Lidar com inconsistências: Resolver discrepâncias entre fontes de dados (por exemplo, convenções de nomenclatura diferentes).

Vantagens: Cria um conjunto de dados abrangente para análise.

Desvantagens: Complexo e requer uma correspondência cuidadosa dos registos.

Ferramentas para recolha e limpeza de dados

Instrumentos de recolha de dados

Inquéritos e questionários: Ferramentas como o Google Forms, SurveyMonkey e Qualtrics ajudam a recolher dados estruturados dos inquiridos.

Web Scraping: Ferramentas como Beautiful Soup e Scrapy (bibliotecas Python) automatizam a recolha de dados de sítios Web.

APIs: As interfaces de programação de aplicações (API), como a API do Twitter e a API do Facebook Graph, permitem a recolha de dados diretamente dos serviços Web.

Entrada manual: Ferramentas como o Microsoft Excel e o Google Sheets são frequentemente utilizadas para a introdução e recolha manual de dados.

Ferramentas de limpeza de dados

Folhas de cálculo:

Microsoft Excel: Oferece funcionalidades básicas de limpeza de dados, como ordenação, filtragem e formatação condicional.

Folhas de cálculo do Google: Semelhante ao Excel, com funcionalidades de colaboração baseadas na nuvem.

Linguagens de programação:

Python: Bibliotecas como Pandas (para manipulação de dados), NumPy (para operações numéricas) e OpenRefine (para limpeza de dados) são ferramentas poderosas para a limpeza de dados.

R: Pacotes como dplyr, tidyr e janitor são amplamente utilizados para tarefas de limpeza de dados.

Software especializado em limpeza de dados:

OpenRefine: Uma ferramenta de código aberto para explorar, limpar e transformar dados.

Trifacta Wrangler: Uma ferramenta comercial para a organização e preparação de dados, que oferece uma interface fácil de utilizar e capacidades avançadas.

DataWrangler: Uma ferramenta gratuita desenvolvida pela Universidade de Stanford para dados interactivos
transformação.

Qualidade de dados Talend: Oferece capacidades de criação de perfis, limpeza e enriquecimento de dados.

Qualidade de dados da Informatica: Fornece características de perfil de dados, correspondência e monitorização.

Sistemas de gestão de bases de dados:

SQL: As consultas SQL podem ser utilizadas para implementar regras de validação e verificar a integridade dos dados nas bases de dados.

Serviços de Integração do Microsoft SQL Server (SSIS) : Uma ferramenta para integração, transformação e migração de dados.

Melhores práticas para a limpeza de dados

1. **Compreender os dados**:

   o Obter uma compreensão completa do conjunto de dados, incluindo a sua fonte, estrutura e potenciais problemas.

2. **Documentar o processo de limpeza**:

   o Manter registos detalhados de todas as etapas de limpeza, incluindo a fundamentação das decisões e quaisquer alterações feitas aos dados.

3. **Limpeza iterativa**:

   o A limpeza de dados é frequentemente um processo iterativo. Revisitar e aperfeiçoar os passos de limpeza à medida que são descobertos novos problemas durante a análise.

4. **Utilizar a automatização sempre que possível**:

   o Automatizar tarefas de limpeza repetitivas utilizando scripts e ferramentas para aumentar a eficiência e reduzir o erro humano.

5. **Colaborar com especialistas no domínio**:

   o Trabalhar com especialistas no domínio para garantir que as decisões de limpeza são informadas por conhecimentos específicos.

6. **Validar e verificar**:

   o Validar os dados limpos através de uma verificação cruzada com as fontes originais e utilizando verificações estatísticas para garantir a exatidão.

Desafios na limpeza de dados

1. **Consome muito tempo**:

   o A limpeza de dados pode ser um processo trabalhoso e demorado, particularmente com conjuntos de dados grandes e complexos.

2. **Equilíbrio entre a integridade dos dados e a facilidade de utilização**:

   o Encontrar o equilíbrio certo entre a remoção de dados problemáticos e a retenção de informações valiosas pode ser um desafio.

3. **Lidar com dados incompletos**:

   o O tratamento adequado dos valores em falta requer uma análise cuidadosa para evitar a introdução de enviesamentos ou a perda de informações importantes.

4. **Manter a coerência**:

   o Garantir a coerência entre diferentes fontes e formatos de dados pode ser
   complexo, especialmente em conjuntos de dados integrados.

5. **Privacidade e segurança**:

   o A limpeza de dados, mantendo a privacidade e a segurança, especialmente
   no que respeita a informações sensíveis, exige protocolos robustos e o
   cumprimento de regulamentos.

Em conclusão, a limpeza de dados é uma etapa vital no processo de análise de dados que
garante a qualidade e a fiabilidade dos dados. Empregando várias técnicas e melhores
práticas, os analistas podem transformar os dados brutos num conjunto de dados limpo,
consistente e exato, pronto para uma análise significativa. Apesar dos seus desafios, uma
limpeza de dados eficaz é essencial para produzir conhecimentos válidos e apoiar a
tomada de decisões baseada em dados.

Capítulo 3: Análise exploratória de dados

Análise exploratória de dados

A Análise Exploratória de Dados (AED) é uma fase crucial do processo de análise de dados em que os analistas resumem as principais características dos dados, compreendem melhor a sua estrutura, descobrem relações entre variáveis e detectam anomalias. Este capítulo explora várias técnicas e metodologias utilizadas na AED.

Estatísticas descritivas

As estatísticas descritivas fornecem resumos simples sobre a amostra e as medidas. Ajudam a compreender os dados e as suas características. As estatísticas descritivas mais comuns incluem:

- **Medidas de tendência central**: Média, mediana, moda.

- **Medidas de dispersão**: Amplitude, variância, desvio padrão.

- **Medidas de forma**: Skewness, kurtosis.

As estatísticas descritivas oferecem informações sobre as tendências centrais, a variabilidade e a distribuição dos dados, fornecendo uma base para uma análise mais aprofundada.

Visualização de dados

A visualização de dados envolve a representação gráfica de dados para facilitar a compreensão. As visualizações eficazes ajudam a:

- **Identificação de padrões**: Gráficos de dispersão, histogramas, gráficos de caixa.

- **Detetar anomalias**: Anómalos nos dados.

- **Comparação de dados**: Gráficos de barras, gráficos de linhas.

- **Visualização de relações**: Mapas de calor, matrizes de correlação.

Ferramentas de visualização como matplotlib e seaborn em Python ou ggplot2 em R são normalmente utilizadas para criar gráficos e quadros informativos.

Identificação de padrões e tendências

A EDA ajuda a identificar padrões e tendências nos dados, o que pode levar a hipóteses e conhecimentos mais profundos. As técnicas incluem:

- **Análise de tendências**: Gráficos de séries temporais para observar tendências ao longo do tempo.

- **Reconhecimento de padrões**: Algoritmos de agrupamento (por exemplo, k-means) para agrupar pontos de dados semelhantes.

- **Análise de correlação**: mapas de calor e matrizes de correlação para identificar relações entre variáveis.

A identificação de padrões e tendências é essencial para compreender as estruturas subjacentes nos dados e tomar decisões informadas.

Estudos de caso em análise exploratória de dados

Os estudos de casos ilustram aplicações reais da EDA, mostrando como as técnicas são aplicadas para resolver problemas específicos. Os exemplos incluem:

- **Análise do cabaz de compras**: Identificação de associações entre produtos frequentemente comprados em conjunto em dados de vendas a retalho.

- **Análise de dados de cuidados de saúde**: Análise de registos de pacientes para identificar factores que influenciam os resultados médicos.

- **Exploração de dados financeiros**: Investigação de tendências em dados do mercado de acções para prever o comportamento do mercado.

Os estudos de casos demonstram a relevância prática da AED em vários domínios, realçando o seu papel na tomada de decisões e na resolução de problemas com base em dados.

Ferramentas para análise exploratória de dados

1. **Software estatístico**:

   o **Python**: Bibliotecas como Pandas, NumPy e Matplotlib para manipulação, análise e visualização de dados.

   o **R**: Pacotes como ggplot2, dplyr e tidyr para análise estatística e visualização.

2. **Ferramentas de Business Intelligence**:

   o **Tableau**: Permite a visualização interactiva de dados e a criação de dashboards.

   o **Power BI**: fornece ferramentas para exploração de dados, visualização e partilha de informações.

3. **Ferramentas EDA especializadas**:

   o **Jupyter Notebooks**: Permite combinar a execução de código, texto rico e visualizações.

- o **RStudio**: Ambiente de desenvolvimento integrado (IDE) para programação R, adequado para computação estatística e gráficos.

Melhores práticas na análise exploratória de dados

1. **Compreender o contexto dos dados**:

   - o Adquirir conhecimentos do domínio para compreender o contexto e o significado dos dados.

2. **Comece com resumos simples**:

   - o Comece com estatísticas descritivas básicas e visualizações para obter uma visão geral dos dados.

3. **Exploração iterativa**:

   - o Efetuar uma exploração iterativa, aperfeiçoando hipóteses e conhecimentos à medida que surgem novos padrões.

4. **Documentar as conclusões e os pressupostos**:

   - o Manter registos detalhados das conclusões, pressupostos e decisões tomadas durante a AED.

5. **Colaborar e validar**:

   - o Colaborar com peritos no domínio e partes interessadas para validar as conclusões e interpretações.

Desafios da análise exploratória de dados

1. **Questões relacionadas com a qualidade dos dados**:

   - o A má qualidade dos dados pode distorcer as informações e os resultados da análise.

2. **Complexidade e dimensionalidade**:

   - o Lidar com grandes conjuntos de dados e dados de elevada dimensão coloca desafios à visualização e análise.

3. **Viés de interpretação**:

   - o A interpretação subjectiva das visualizações e dos resultados da análise pode afetar a tomada de decisões.

4. **Restrições de tempo e recursos**:

   o Tempo e recursos limitados para uma exploração e análise exaustivas.

5. **Privacidade e preocupações éticas**:

   o Garantir a privacidade dos dados e considerações éticas durante a exploração e análise dos dados.

A análise exploratória de dados é um passo fundamental para compreender as características dos dados, identificar padrões e formular hipóteses para uma investigação mais aprofundada. Ao utilizar estatísticas descritivas, visualização de dados e estudos de casos, os analistas podem descobrir informações que conduzem a decisões e acções informadas com base em provas baseadas em dados.

Capítulo 4: Técnicas avançadas de análise de dados

Técnicas avançadas de análise de dados

As técnicas avançadas de análise de dados vão para além da estatística descritiva e da análise exploratória para revelar conhecimentos mais profundos, fazer previsões e otimizar os processos de tomada de decisões. Este capítulo explora as principais técnicas, incluindo estatísticas inferenciais, modelação preditiva, algoritmos de aprendizagem automática e avaliação do desempenho do modelo.

Estatística inferencial

A estatística inferencial consiste em fazer inferências e previsões sobre uma população com base numa amostra de dados. Os principais conceitos e técnicas incluem:

- **Teste de hipóteses**: Avaliar a probabilidade de uma hipótese ser verdadeira ou falsa.

- **Intervalos de confiança**: Estimativa do intervalo dentro do qual é provável que um parâmetro populacional se enquadre.

- **Análise de regressão**: Examinar as relações entre variáveis e fazer previsões.

A estatística inferencial permite que os analistas tirem conclusões para além da amostra de dados imediata, fornecendo informações sobre populações ou fenómenos mais amplos.

Modelação Preditiva

A modelação preditiva tem como objetivo prever resultados futuros com base em dados e padrões históricos. As técnicas e metodologias incluem:

- **Modelos de regressão**: Regressão linear, regressão logística.

- **Previsão de séries temporais**: Modelos ARIMA (AutoRegressive Integrated Moving Average), alisamento exponencial.

- **Algoritmos de aprendizagem automática**: Árvores de decisão, florestas aleatórias, máquinas de vectores de suporte.

A modelação preditiva ajuda as organizações a antecipar tendências, identificar riscos e tomar decisões proactivas.

Algoritmos de aprendizagem automática

Os algoritmos de aprendizagem automática automatizam a criação de modelos analíticos, utilizando dados para aprender padrões e tomar decisões ou fazer previsões. Os tipos de algoritmos de aprendizagem automática incluem:

- **Aprendizagem supervisionada**: Os algoritmos aprendem com dados rotulados para prever resultados (por exemplo, classificação, regressão).

- **Aprendizagem não supervisionada**: Os algoritmos identificam padrões nos dados sem respostas rotuladas (por exemplo, agrupamento, associação).

- **Aprendizagem por reforço**: Os algoritmos aprendem por tentativa e erro para atingir objectivos específicos (por exemplo, otimização).

A aprendizagem automática permite a análise complexa de grandes conjuntos de dados e facilita os processos de tomada de decisões em tempo real.

Avaliação do desempenho do modelo

A avaliação do desempenho do modelo é fundamental para avaliar a exatidão e a eficácia dos modelos de previsão. As principais métricas e técnicas incluem:

- **Exatidão**: Mede a proporção de previsões correctas.

- **Precisão e Recuperação**: Avalia o desempenho dos modelos de classificação.

- **Curva ROC e AUC**: Representação gráfica do compromisso entre a taxa de verdadeiros positivos e a taxa de falsos positivos.

- **Validação cruzada**: Técnica para avaliar o grau de generalização de um modelo para um conjunto de dados independente.

A avaliação eficaz do desempenho do modelo garante a fiabilidade e a validade das previsões, orientando os processos de tomada de decisão.

Ferramentas e tecnologias

1. **Software estatístico**:

   o **Python**: Bibliotecas como scikit-learn, statsmodels para aprendizagem automática e
      modelação estatística.

   o **R**: Pacotes como caret, glmnet para aprendizagem automática e análise estatística.

2. **Plataformas de aprendizagem automática**:

   o **TensorFlow** e **Keras**: Estruturas de aprendizagem profunda para criar e implementar redes neurais.

   o **Aprendizagem automática do Azure, AWS Sagemaker**: Plataformas baseadas na nuvem para desenvolver e implementar modelos de aprendizagem automática.

3. **Ferramentas de visualização**:

   o **Matplotlib, Seaborn**: Bibliotecas Python para criar visualizações.

   o **Tableau, Power BI**: ferramentas de Business Intelligence para visualização interactiva de dados.

4. **Ferramentas de avaliação de modelos**:

   o **scikit-learn**: Fornece funções para avaliar as métricas de desempenho do modelo e a validação cruzada.

   o **TensorBoard**: Conjunto de ferramentas de visualização para modelos TensorFlow.

Melhores práticas em análise avançada de dados

1. **Definir objectivos claros**: Alinhar os objectivos da análise de dados com os objectivos comerciais para garantir a relevância e as informações accionáveis.

2. **Preparação de dados**: Limpar, pré-processar e transformar dados para melhorar a precisão e o desempenho do modelo.

3. **Seleção e engenharia de características**: Identificar características relevantes e criar novas características para melhorar a capacidade de previsão do modelo.

4. **Seleção de modelos**: Escolher algoritmos apropriados com base nas características dos dados, tipo de problema e resultados desejados.

5. **Testes e validação iterativos**: Validar modelos utilizando métricas e técnicas de avaliação robustas para aperfeiçoar e melhorar o desempenho.

6. **Interpretabilidade e transparência**: Assegurar que os modelos são interpretáveis, explicando as previsões e os conhecimentos às partes interessadas.

Desafios na análise avançada de dados

1. **Sobreajuste e subajuste**: Equilibrar a complexidade do modelo para evitar o sobreajuste (captura de ruído) ou o subajuste (simplificação excessiva).

2. **Qualidade dos dados e enviesamento**: Abordar os enviesamentos nos dados e garantir a qualidade dos dados ao longo do processo de análise.

3. **Escalabilidade**: lidar com grandes conjuntos de dados e recursos computacionais necessários para análises complexas.

4. **Interpretação de modelos de caixa negra**: Compreender e explicar as previsões

de modelos complexos de aprendizagem automática.

5. **Considerações éticas**: Abordagem das implicações éticas da utilização de dados, previsões de modelos e processos de tomada de decisões.

As técnicas avançadas de análise de dados permitem às organizações tirar partido dos dados para a tomada de decisões estratégicas, a vantagem competitiva e a inovação. Através da aplicação de estatísticas inferenciais, modelação preditiva, algoritmos de aprendizagem automática e avaliação rigorosa de modelos, os analistas podem extrair informações valiosas, antecipar tendências futuras e otimizar os resultados comerciais com base em provas baseadas em dados.

Conclusão

O percurso desde os dados brutos até aos conhecimentos accionáveis é complexo e transformador, exigindo um conhecimento profundo de várias técnicas e metodologias analíticas. Este livro descreve as etapas essenciais da recolha de dados, limpeza e análise exploratória, sublinhando a importância da qualidade dos dados como base de qualquer análise. Também se debruça sobre técnicas avançadas como a estatística inferencial, a modelação preditiva e a aprendizagem automática, que permitem aos analistas fazer previsões informadas e descobrir conhecimentos mais profundos. Através de aplicações práticas e estudos de casos do mundo real, o livro demonstra o papel impactante da análise de dados na condução de decisões estratégicas em diversos domínios. Sublinhando a necessidade de considerações éticas e de transparência, o livro fornece um guia completo para os profissionais aproveitarem o poder dos dados de forma responsável e eficaz, transformando, em última análise, os números em conhecimentos valiosos.

Referências

Aaronson, Daniel, Lisa Barrow e William Sander. 2007. "Teachers and Student Achievement in the Chicago Public High Schools." *Journal of Labor Economics* 25 (1): 95-135.

Abadie, Alberto. 2021. "Utilização de controlos sintéticos: Feasibility, Data Requirements, and Methodological Aspects." *Journal of Economic Literature* 59 (2): 391-425.

Abadie, Alberto, Joshua Angrist e Guido Imbens. 2002. "Instrumental Variables Estimates of the Effect of Subsidized Training on the Quantiles of Trainee Earnings" [Estimativas de Variáveis Instrumentais do Efeito da Formação Subsidiada nos Quantis dos Ganhos dos Formandos]. *Econometrica* 70 (1): 91-117.

Abadie, Alberto, Susan Athey, Guido W Imbens e Jeffrey M Wooldridge. 2023. "When Should You Adjust Standard Errors for Clustering?" (Quando se deve ajustar os erros-padrão para o agrupamento) *The Quarterly Journal of Economics* 138 (1): 1-35.

Abadie, Alberto, Alexis Diamond e Jens Hainmueller. 2010. "Métodos de Controlo Sintético para Estudos de Casos Comparativos: Estimating the Effect of California's Tobacco Control Program." *Journal of the American Statistical Association* 105 (490): 493-505.

Abadie, Alberto, e Guido W Imbens. 2016. "Matching on the Estimated Propensity Score". *Econometrica* 84 (2): 781-807.

Abadie, Alberto, e Jérémy L'hour. 2021. "Um estimador de controle sintético penalizado para dados desagregados." *Jornal da Associação Americana de Estatística* 116 (536): 1817-34.

Acemoglu, Daron, Suresh Naidu, Pascual Restrepo e James A Robinson. 2019. "A democracia causa crescimento". *Journal of Political Economy* 127 (1): 47-100.

Acharya, Sankarshan. 1993. "Value of Latent Information: Alternative Event Study Methods." *The Journal of Finance* 48 (1): 363-85.

More Books!

yes

I want morebooks!

Buy your books fast and straightforward online - at one of world's fastest growing online book stores! Environmentally sound due to Print-on-Demand technologies.

Buy your books online at
www.morebooks.shop

Compre os seus livros mais rápido e diretamente na internet, em uma das livrarias on-line com o maior crescimento no mundo! Produção que protege o meio ambiente através das tecnologias de impressão sob demanda.

Compre os seus livros on-line em
www.morebooks.shop

info@omniscriptum.com
www.omniscriptum.com

OMNIScriptum

Printed by Books on Demand GmbH, Norderstedt / Germany